小学生安全防护读本

e网络生活安全书

孙宏艳◎编著

北方联合出版传媒（集团）股份有限公司
辽宁少年儿童出版社
沈阳

图书在版编目（CIP）数据

网络生活安全书 / 孙宏艳编著. —沈阳: 辽宁少年儿童出版社, 2016.7
（小学生安全防护读本）
ISBN 978-7-5315-6846-9

Ⅰ. ①网… Ⅱ. ①孙… Ⅲ. ①计算机网络—安全教育—少儿读物 Ⅳ. ①TP393-49

中国版本图书馆CIP数据核字(2016)第134776号

出版发行：北方联合出版传媒（集团）股份有限公司
辽宁少年儿童出版社
出 版 人：张国际
地　　址：沈阳市和平区十一纬路25号
邮　　编：110003
发行部电话：024-23284265　23284261
总编室电话：024-23284269
E-mail:lnsecbs@163.com
http://www.lnse.com
承 印 厂：阜新市宏达印务有限责任公司

责任编辑：马　婷
责任校对：高　辉
封面设计：白　冰　程　娇
版式设计：程　娇
插　　图：程　娇
责任印制：吕国刚

幅面尺寸：150mm × 210mm
印　　张：3.25　　字数：51千字
出版时间：2016年7月第1版
印刷时间：2016年7月第1次印刷
标准书号：ISBN 978-7-5315-6846-9
定　　价：12.00 元

目录

江小鱼用手机聊天时，收到一个来自陌生人的“漂流瓶”。她听到一个磁性的声音用英语说：“我刚刚从美国回来，这里没有朋友，你肯和我交朋友吗？”小鱼一下子就心动了。于是在微信上和他聊了起来。两人聊得高兴，就相约在附近的麦当劳见面。

男生果然很帅，和她聊天时很腼腆，偶尔还夹杂些英文单词。男生点了餐，两个人边吃边聊。几杯饮料下去，小鱼想上厕所。她心想：把东西都放在这儿万一被偷了怎么

微信里的“漂流瓶”和“摇一摇”等功能，使陌生人迅速地相识。少年儿童往往只看到了其中的好玩、刺激，却忽视了隐藏在其背后的危险。

办？这个人可靠吗？再看看那位男生，正在若无其事地打电话。她想：他都为我买吃的了，肯定是比较大方的人，我应该信任他。于是，小鱼大方地去厕所了，把包和手机等物品都放在座位上。等她从厕所回来时，她的包、手机，连同那名很帅的男生都不见了……

豆豆在百度贴吧上因为玩“洛克王国”认识了网名为“喵了个咪”的网友，两人互动得很开心，就加了QQ好友。在QQ上聊了一阵子后，“喵了个咪”主动邀请豆豆到家里做客，豆豆想去又有点害怕，于是就把手机里的卫星定位打开，并打电话告诉了表哥。结果真的出事了，“喵了个咪”是个专骗小孩的中年男子，幸好表哥觉得事情蹊跷，告诉了豆豆爸爸，及时赶到现场，豆豆才没有被猥亵。

小知识1：什么是漂流瓶

过去，人们把字条放在瓶子里，然后把瓶子密封起来投入大海。瓶子在海上顺流而去，漂向未知的各种地方。当远方的人发现了漂流的瓶子，会从瓶中发现惊喜、秘密或祝福。现在，这种漂流瓶与网络很好地结合起来，一句话、一段语音，由网络随机发送给某个人。网络上比较流行的漂流瓶有下面几种：普通瓶、传递瓶、同城瓶、真话瓶、提问瓶、交往瓶、祝愿瓶、发泄瓶、生日瓶、表白瓶等。

小知识2：什么是即时通信工具

即时通信是指能够即时发送和接收互联网消息的业务。自1998年面世后迅速发展，功能日益丰富，逐渐集成了电子邮件、博客、语音、音乐、电视、游戏和搜索等多种功能，成为一种综合化的信息平台。随着移动互联网的发展，互联网的即时通信从电脑终端向手机、IPAD等随身携带的移动终端转移。

与网友交往时，不可贸然透露自己的私人信息。

微信交友，得有防人之心。

1 程程在微信上认识了一个陌生人，因为好奇，程程和他聊了起来。

2 那个男生自称是大学生，说他的城市里有种一特产年糕特别好吃，想给程程快递一些。

3 程程想把家里的地址给他，妈妈提醒程程要有防人之心。

4 妈妈还跟她说了一些网上发生的危险事例。程程听了妈妈的话，拒绝了那个男生。

并不是网上的人都坏，但是我们得有防人之心，不要因为看着不像坏人就放松警惕，家里的地址不能随意告诉陌生人。

使用微信如何保护隐私

- 不要在微信上发照片，无论是发给陌生人还是发在朋友圈。朋友圈的设置也不要公开照片，不要让陌生人看到你的照片。

- 经常更换微信密码，密码不要使用生日、电话号码等容易破解的数字。

- 不要把自己的私人信息轻易泄露给陌生人。

- 不和微信上认识的陌生人见面。

- 不要在固定的地点反复查找“附近的人”，更不要反复地玩“漂流瓶”“摇一摇”等和陌生人沟通的软件。

- 不要在微信上显示“信息位置”。

使用微博如何保护自己

- 看微博上的信息，要以经过新浪认证的用户为主。

- 微博属于自媒体，上面发布的内容大多没有经过权威部门认证，因此要多冷静判断，不要轻易相信。

- 不在微博上发布自己和家人的照片，也不发布他人的照片。

- 不使用显示位置的功能。

- 遵守互联网使用规定，不在微博上骂人，不泄露他人的信息，如姓名、电话号码、账号、银行卡号、门牌号、学校和班级、个人隐私等。

- 不和微博上认识的网友见面。

• 微博和微信尽量不要使用真实头像。

• 不要相信“有图有真相”。

• 要学会隐藏QQ号及邮箱地址。如果一定要留下QQ、邮箱地址等信息，最好选择一个专用的QQ或者邮箱。

中小学生网上安全八项守则

• 没有经过父母同意，关于自己及父母家人的真实信息，如姓名、住址、学校、电话号码和照片等，不要告诉其他人。

• 如果看到感到不舒服甚至是恶心的信息，立即告知父母。

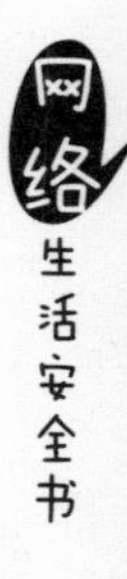

• 尽可能不在网上论坛、网上公告栏、微博上公开自己的E-mail地址。如果有多个E-mail信箱，要尽可能设置不同的密码。

• 未经父母同意，不要与网友见面。如果确定要与网友见面，必须在父母的同意和护送下，或与可信任的同学、朋友一起在公共场所进行。

- 如果收到垃圾邮件或不明来历的邮件，应立即删除。包括主题为问候、发奖一类的邮件。若有疑问，立刻请教父母如何处理。

- 不要浏览“儿童不宜”的网站或网站栏目，如果无意中不小心进去了，要立刻离开。

- 如果遇到网上有人伤害自己，应当及时告诉父母或老师。

- 根据与父母的约定，适当控制上网时间，一般每次不要超过1小时，每天不超过3小时。

网络游戏

也是海洛因

谨防网络游戏成瘾

沉迷网络游戏会导致青少年出现行为问题、心理问题，甚至危及生命……

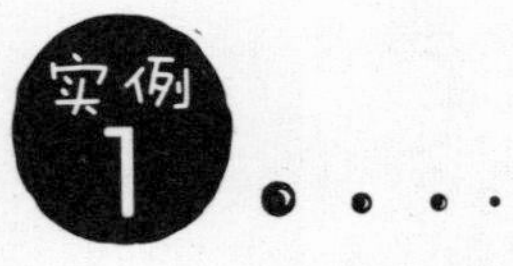

春节期间，16岁的梁伟突然“不会走路”了。他走路时不走直道，而是有规律地左右偏移走“Z”字步，而且他自己根本没察觉自己的走姿异样。经过心理咨询专家诊断，他得了轻度强迫症。梁伟的父母说，去年家里买了电脑，装了宽带后，他有空就在电脑前玩游戏。今年寒假，他只要一睁开眼睛就坐到电脑前面“鏖战”，玩到兴头上时，他的身体也会随着电脑里控制对象的动作而晃动。梁伟谈到他玩的射击游戏时说：“要躲避子弹，步伐很重要，最常用的办法就是走‘Z’字形……”

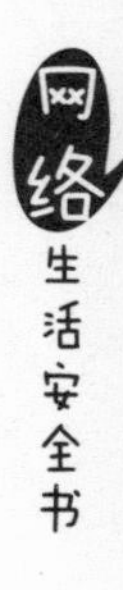

陈海与几名同学到一家网吧玩网络游戏。早晨8点多，玩了一个通宵的他，站起来看了看别人的电脑后，又坐下继续玩。到了早晨8时50分左右，陈海突然脑袋一歪，倒在旁边机位上的同学肩膀上，随后人就滑落到地上，呼吸困难，全身瘫软。送到医院急救时，医生发现陈海已全身发紫，瞳孔扩散，心跳消失，血压也已降为零，确诊为猝死。

小知识1：什么是网络游戏成瘾症

网络游戏成瘾症是一种沉迷在网络游戏中无法自拔的心理疾病，患者无法摆脱时刻想玩网络游戏的念头。它是网络成瘾症中的重要症状，与强迫症、病态性赌博同样属于“冲动控制疾患”，不仅危害极大，而且不易治疗。

小知识2：网络游戏成瘾症有哪些表现

对现实生活失去兴趣或不再满足；游戏时间超过一般的限度，以此来获得心理满足。轻者产生精神依赖，不上网就焦虑、烦躁、坐立不安、注意力不能集中。重者与毒品成瘾相似，可发展成为躯体上的依赖，完全被游戏和网络控制，玩游戏时精神极度亢奋并乐此不疲；不能玩游戏时常常情绪低落、头昏眼花、双手颤抖、疲乏无力、食欲不振、睡眠障碍、思维迟缓，甚至整个人变得不可理喻，没有自尊，为了可以上网玩游戏不择手段。

如何健康科学地参与网络游戏？

黄蕾从2003年开始玩网络游戏。她说：“好的游戏让你不断地接受‘磨难’，从而考验我们的智慧。”她玩了十年网络游戏，但没有上瘾。网络游戏对她来说是一种学生时期的时尚，在与同学交谈时有共同的话题。她上网的时间把握得很好，一周两三次，每次1小时。游戏对她来说只是一种娱乐方式，她用更多的时间和精力去学习，从事户外活动，参加丰富多彩的集体活动，享受美好的现实生活。

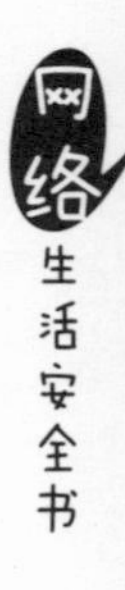

网络游戏成瘾的原因

• 与网络游戏的特点有关。网络游戏精彩的画面、音响效果以及生动的故事情节，可让人感受强烈的惊险、紧张与刺激。网络游戏的互动性、仿真性和竞技性，可让人体验到在现实社会中感受不到的自身力量和智慧，从而获得极大的心理满足。

• 与少年儿童的身心特点有关。青春期的生理和心理躁动、好奇心强、对冒险和新奇刺激的渴望，都可能使他们对内容新奇、色彩斑斓、富于刺激的网络和游戏产生迷恋。

• 与个人成长经历有关。如果因为学业负担过重、成绩不理想、心理压力过大而感觉不到肯定和尊重、缺乏自信，或者家庭不和、亲子关系不良、父母责备限制过多、缺少与父母和同学的沟通而感到孤独等，就容易到虚拟的网络和游戏世界中寻求刺激和满足。

网络游戏成瘾的危害

• 阻碍大脑的正常发育，而且早、中期的智力开发也受到影响。

• 引起植物神经紊乱，体内激素水平失衡，免疫功能降低。

- 引发心血管疾病、胃肠神经官能症、紧张性头疼、焦虑、忧郁等，甚至可能导致死亡。

- 长时间盯视电脑屏幕会导致视力下降，眼睛疼痛、怕光、暗适应能力降低，还可能引发青光眼及血液不循环等疾病。

- 人际交流出现困难。分不清网络和现实，对自我和现实生活不满、逃避。

- 很多人因迷恋网络游戏造成学习成绩下降，甚至旷课、逃学。

- 网络游戏中大量的暴力和黄色内容使少年儿童的世界观与人生观发生错位，对人冷淡挑剔，不负责任，行为更易具有侵犯性，粗野轻率，甚至行为越轨、违法犯罪。

如何预防网络游戏成瘾

- 严格控制玩游戏时间，每天不超过1小时。

- 主动多和家人沟通，主动交朋友，心事可以和家人朋友谈论。

- 合理地安排自己的课余时间，培养一些业余爱好，使生活不单调；有较为广泛的兴趣后，心情也就不烦闷了。

- 多参加集体活动，找到现实中的快乐。

- 休息日和节假日期间，尽量安排户外活动。

- 一旦对网络游戏成瘾，要告知家人，请他们帮助自己。必要时寻求医生或心理咨询专家进行心理治疗。

请你判断下面的做法是否恰当，
恰当的请画上☺，不恰当的请画上☹。

1.刘云很喜欢网络游戏。星期天的晚上九点半，他终于写完了作业，于是在网上痛快地玩了一个小时的游戏。

2.周末下午，同学约上官萍一起上网玩游戏，她因为有点感冒谢绝了同学的邀请。

3.近一个月来，赵岩和好朋友闹别扭了。他心情很不好，每天放学后都泡在网上玩游戏，他觉得网络可以让他忘记烦恼。

4.周飞最近喜欢上了网络游戏，他和妈妈约好，请她过45分钟就提醒自己下网。

5.星期天上午，父母要出门看望大伯，左柏却坚决要留在家里。父母走后，他上网玩了四个小时的网络游戏。

1. 晚上玩游戏后，大脑处于兴奋状态，不利于睡眠。刘云星期天晚上玩游戏，很容易使大脑过度兴奋，这样无法更好地睡眠，会影响到星期一的听课效果。

2. 身体虚弱时玩游戏，既耗费精力又影响恢复，还可能导致病情加重。

3. 情绪不好时，玩游戏只是暂时的解脱，偶尔玩一次无妨，但是它不能解决现实问题。所以，有烦恼时最好和父母、老师或同学朋友倾诉，找到合适的解决办法。

4. 如果我们自己不能很有效地控制玩游戏的时间，请家人帮忙是很好的办法。

5. 首先，每天上网时间不应该超过一个小时。其次，多和父母亲人在一起，建立良好的人际关系，有利于我们的身心发展。

网上交友的自护法则

“网友”，是人们对通过网络聊天结识的朋友的称谓。这种通过虚拟环境结识的朋友，也会带来比现实朋友大得多的危险。

李某某想约一位自称“蒋某某”的女网友见面。殊不知，“蒋某某”其实是一名男子。该男子请人冒充自己去与李某某见面。后来，去见李某某的人告诉“蒋某某”，李某某很大方，一天请她吃饭买东西就花费了1000多元。“蒋某某”听到后，心里便起了歹念，让冒充自己的人诱惑李某某视频裸聊，并偷偷录像。随后，“蒋某某”先是威胁李某某说如果不给他 3 万元，就把视频发到网络上，或者发到李某某的学校。李某某害怕了，只好给了“蒋某某” 3 万元。拿到钱后，“蒋某某”又向李某某索要 5 万元，李某某最终只好报警。

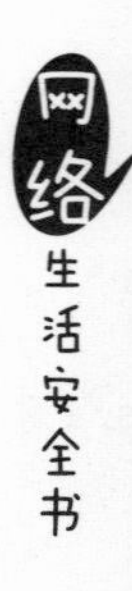

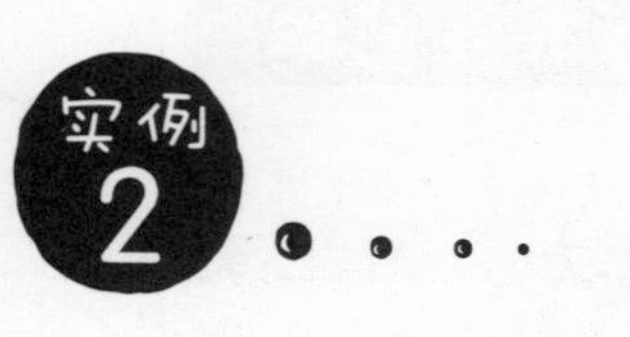

女学生小汤在网上认识了一名男性网友，后来被邀请见面看一场电影，结果喝了网友买来的饮料后被迷倒，醒来后发现身上的500元现金和手机等物不翼而飞。

小知识1：为什么网上聊天具有吸引力

渴望交流是人类的本能之一，与他人进行有效交往也是人类快乐生活的一部分；特别是少年儿童，与人交往更是健康成长的必要条件。生活中独生子女往往比较孤独，网上聊天可以更好地与同龄伙伴交流，表达和宣泄内心真实的快乐与烦恼。其次，网上聊天具有虚拟性和自由性，每个人都可以在网上根据自己的喜好扮演一个或多个满意的角色，将真实生活中的缺憾通过网络获得弥补。

小知识2：网络交往的不良影响

第一，影响人际交往能力。网上交友、聊天的确轻松简单，但往往难以形成真实可信和安全的人际关系。过多沉浸于网络聊天中，减少了结识现实生活中新朋友的机会，也减少了与现有朋友的联系。网上交友看似丰富但却单调封闭。

第二，影响心理发展。长期缺乏直接的人际交往，使人变得孤立、自私、冷漠，容易产生自闭心理。

第三，影响道德发展。网络的虚拟性，容易使人模糊自己的角色，变得随心所欲，甚至撒谎、逃避现实、不负责任，对现实生活漠不关心。

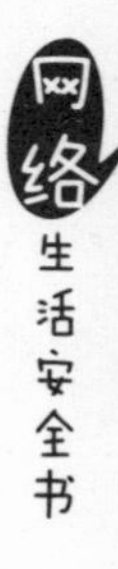

如何正确地与网友交往？

13岁的小悦是个旅游爱好者，她特别关注世界各地的风土人情和奇闻逸事，梦想着有朝一日能够周游世界。暑假的第一天，在征得妈妈的同意后，她给自己起了一个网名“云心”并在网上的电子布告栏上发出旅游咨询信息。此后，她每天都会收到数十条来自四面八方的信息。在诸多的信息中有多条是由同一个人发来的，这个人的网名叫“远方”。在和“远方”聊天中，小悦发现“远方”见识广博，妙语连珠，小悦对“远方”十分钦佩。可是最近，“远方”开始打探她

的真实身份，直到上周，“远方”发出了会面的邀请。小悦非常苦恼，心想不去，又唯恐失去一位难得的网友，可是如期赴约，更担心对方图谋不轨。最后，小悦想出了一个两全其美的办法，她请爸爸相陪，并将见面地点定在博物馆门口。

小悦和爸爸提前10分钟赶到博物馆，左等右等都不见“远方”的踪影。突然，小悦看见表哥朝这边走来，对自己作个揖后，笑着说：“请‘云心’恕罪，‘远方’来迟了。”原来，妈妈为了增强小悦在网上的自我保护意识，和在大学读书的表哥联合演了这幕轻喜剧。

网上交友的自护原则

- 不要透露自己的真实姓名和家庭地址、电话号码、学校名称、银行密码等信息。

- 不向网上发送自己的照片。

- 不与网友会面。

- 如需要与网友见面，不要自己单独前往，请父母、亲人陪伴你去。

- 最好去人多的公共场所。

- 对网上求爱者不予理睬。

- 对谈话低俗的网友，不要反驳或回答，以沉默的方式对待。

网上聊天的自律行为

- 规范网络聊天用语。不说脏话、不攻击他人、不说淫秽下流的语言。

- 控制上网聊天的时间，每次最好不超过一个小时。

- 不要进成人聊天室。

- 最好在校园网上聊天，至少在一个你熟悉的、特定的圈子里聊天。

- 要经常与父母沟通，让父母了解自己在网上的所作所为。

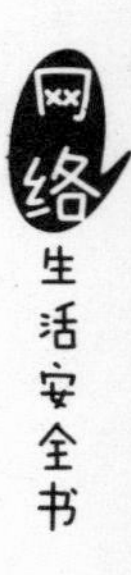

请你判断下面的做法是否恰当，

恰当的请画上☺，不恰当的请画上☹。

1.郑洽君在QQ上新认识了一位网友曼君，曼君也是一个女孩子。郑洽君觉得两人聊得很投缘，对方又是女孩子，便把家里电话号码告诉了她。

2.晓皓上网聊天时，大多数都是在校园网上，从来不进成人聊天室。

3.瞿云在微信上聊天时，遇到一个满口粗话的人，他很生气，就和那个人在网上大骂起来。

4.陆绣和一个网友聊了三个月了，他们每次聊天都很快乐。那个网友风趣幽默，还很关心她。现在网友说为了纪念相识100天约她见面，她怕失去好朋友便答应了他。

5.袁惠在网上认识了一个很有趣的朋友，为了增进了解，她和对方互传了照片。

1. 电话是私人信息，为安全起见，不宜告诉网友。曼君虽然说自己是个女孩子，但也许“她”传来的照片也是假的。况且即使她真的是个女孩子，也不能轻信对方。

2. 选择适当的网站和聊天室聊天可以避免受到不良信息的侵害，不要为了好奇而做不妥当的事情。

3. 网络上的人形形色色，对于低俗的人，最好的办法是不予理睬，并将其加入黑名单。

4. 那个网友虽然在漫长的三个月里都非常文明，从来没做伤害陆绣的事情，但网络交友的不可靠因素太多，因此最好不要与网友见面。

5. 网络交友需要更强的自我保护意识，现在有许多利用网络作恶的不法分子，因此，最好不要把自己的照片传给网友。

网络犯罪也是犯罪

网络面前不逞能

随着计算机和网络的普及应用，预防黑客攻击、警惕网络诈骗等网络犯罪活动已经成为每个网络使用者不容忽视的问题。

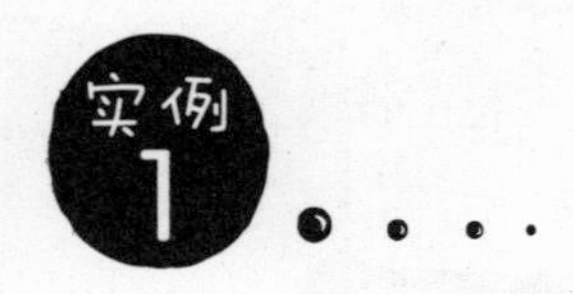

美国佛罗里达州的一位妇女在通过电脑网络向银行申请贷款时，得到了令她头晕目眩的答复："对不起，您的贷款申请被否决，因为根据记录您已经去世了。"这次"虚拟谋杀"是由一个社会保险管理部门的工作人员造成的。他与受害者有矛盾，为了对她进行报复，他私自更改了计算机中存储的该妇女的记录，输入了一个虚假的死亡日期。

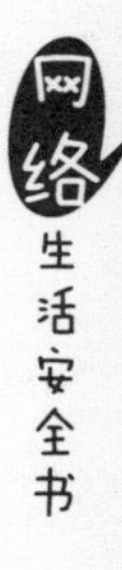

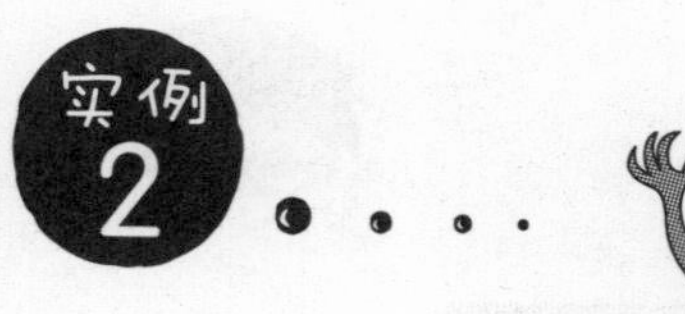

北京一家网络服务公司曾收到过如下一封电子邮件：“我是一名网络黑客，本人计划在×月×日对贵公司主机进行一次善意的入侵，目的是获得对贵公司主机的进一步了解。如果成功，我会通知贵公司的技术人员对其漏洞加以修改，同时我会尽力提供解决方案。这对贵公司的服务器也是一次测试，但愿不成功，如果可能的话，我希望贵公司能提供一个账号，以免去一些不必要的麻烦。如果批准请回信。某某敬此”。尽管这封信措辞谦恭，但仍掩饰不住这名黑客的不法企图。

小知识1：什么是网络犯罪

网络犯罪是犯罪分子利用计算机和网络，通过各种网络手段进行的侵犯他人合法权益的犯罪活动。

小知识2：网络犯罪的特点

1.智能性高。犯罪分子大多具有较高的智力水平，熟悉计算机及网络的功能特性。

2.隐蔽性强。网络虚拟空间的开放性、不确定性、超越时空性消除了国境线，打破了社会和空间界限，使网络犯罪具有极高的隐蔽性。

3.作案手段多样化。日益发展的信息技术使网络犯罪分子有了更多样化的作案手段，如窃取秘密、调拨资金、金融投机、剽窃软件、偷漏税款、发布虚假信息、入侵网络等。

4.危害性大。网络犯罪涉及范围极广，从个人隐私到军事机密，危及公共安全和国家安全。

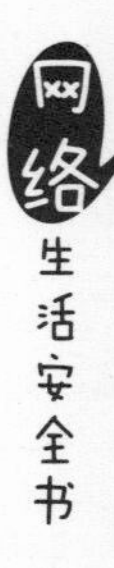

如何平衡网络技术与课业学习之间的关系？

钻研计算机网络技术与系统地学习基础知识同样重要。

1　汪冲迷上了计算机和网络技术，还常常在网上去各个站点学习交流。

2　随着网络技术的突飞猛进，他的学习成绩却连连倒退。

3　父母和老师为了让他多接触现实生活，就请他做学校的网络管理工作和助教工作。

4　这让汪冲受益匪浅，他对目前的学习生活也做了更认真的思考和更合理的安排。

我希望自己将来会在网络安全公司里，从事维护网络安全的工作。

什么是黑客

- 黑客源于hacker一词，主要用来称呼那些具有高超的计算机和网络知识、能够编写程序、非法侵入各种网站和电脑信息系统的人。

- 由于其中一些人利用其知识技术致使网络用户数据丢失、财产受损，甚至网络瘫痪等问题，“黑客”一词中贬义的色彩越来越重，几乎成为网络危害、网络犯罪的代名词。

- 黑客技术也属于一种计算机程序，其本身并不存在道德问题，关键在于利用这些程序去干什么。因此，也有人把专门进行破坏的黑客称为“骇客”或“快客”(cracker)。

个人电脑设置的安全事项

• 电脑系统和重要资料须设置密码，密码最好是数字、字母与符号混排而成。

• 防火墙设置为电脑启动时同时启动，开启自动升级到最新版本，使用实时监控。

• 及时下载电脑操作系统的安全补丁程序。

• 发现自己的上网费用异常时，要及时报警。

• 对邮件保持警惕，要首先查杀病毒，确定无病毒和“黑客”程序再全部打开。

• 不点击邮件内链接的不熟悉的网址，特别是具有诱惑性信息的网址链接。

上网操作的安全事项

- 下载软件要去声誉好的专业网站。

- 不随意下载各种小程序。

- 不使用来历不明的账号。

- 不轻易相信“免费服务”“最佳优惠”等网上信息，防止落入网络陷阱。

- 在网吧上网，不要让电脑自动记忆你的用户名、密码等个人信息。

- 上网后要及时删除个人的上网记录和临时文件。

- 在网吧上网时要防范密码截取和密码监听等窃密软件盗取你的各种密码。

请你判断下面的做法是否恰当，

恰当的请画上😊，不恰当的请画上😵。

1.向艺收到主题为“生财有道”的电子邮件，他没有打开，直接删除了。

2.卓飞在微信上和网友聊天，对方发给他一条消息：“想看我的近照吗？我发到网上了，快来看吧！还有很多好玩的图片哦！”后面链接一个网址。卓飞高兴地点击了那个网址。

3.徐良申请了一个新的电子邮箱，为了便于记忆，他用了567890作为密码。

4.范羽在学校机房上网，离开时她总是清除自己的上网记录和临时文件。同学都笑话她庸人自扰，说这样做实在太麻烦了。

1. 这类邮件大多是不可靠的垃圾邮件。有些邮件软件还可以设置剔除垃圾邮件的功能，自动将该发件人以后发来的邮件送入垃圾邮件的文件夹。因此，向艺的做法是对的，不要贪小便宜吃大亏。

2. 这类信息最好不要随便点击，因为这往往是一些病毒自动发送的。如果与聊天内容相关，至少也要先与网友核实一下，是否是对方发的信息。

3. 这个密码有规律，太简单了，最好使用复杂些的密码，才能起到保护作用。

4. 这是很好的网络安全习惯，可以减少个人资料被窃取的可能性。

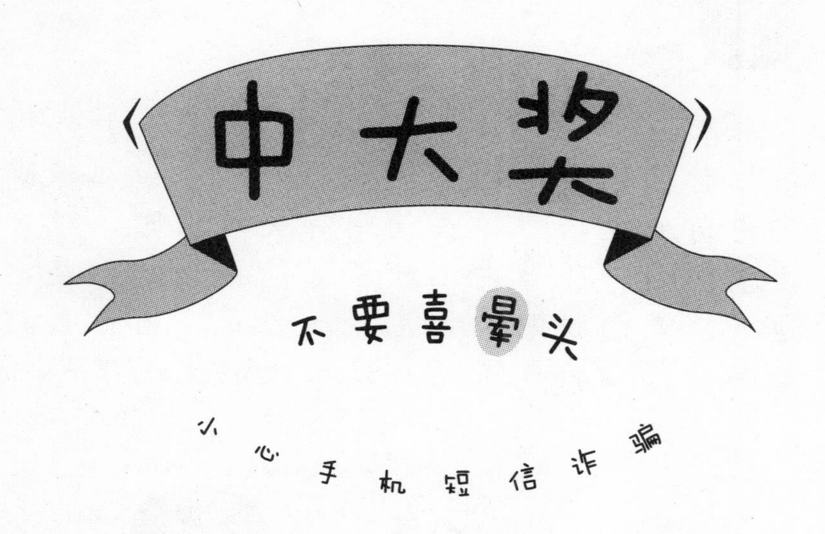

利用手机短信诈骗的犯罪行为常常使受骗人遭受巨大的损失。为了避免上当受骗，少年朋友们需要了解一些诈骗者的伎俩和预防措施。

北京市丰台区一居民收到一则手机短信，称其中奖得到一辆宝马轿车。当他按短信中留的电话打过去询问有关事项时，对方要求他向一账号内汇款后才能提车。于是，他6次共向该账号内汇款5万元，当他再打电话时，却再也无法与发信人联系上了……

小知识1：什么是手机短信诈骗

利用手机短信诈骗，是指犯罪分子利用手机或互联网给手机用户发送短信，以获取钱财为目的的犯罪行为。

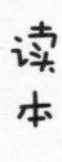

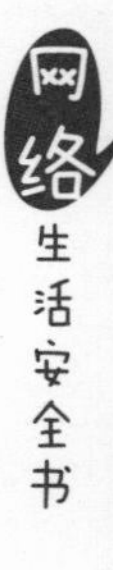

小知识2：不良手机短信是如何发送的

手机短信发送主要有四种方式：手机间点对点发送；通过人工声讯台发送；从网站上发送；利用网上软件发送。后两种方式因具有较强的群发能力，不良短信多是通过这两种渠道发送出去的。通过连接电脑，一部手机一天可发短信4万条，一台电脑一天可发短信12万条。还有人发明了专用软件，可从某个号码范围内随机抽取或者全部发送，比如说，要想给139××××××××到138××××××××某一段号码用户发短信，只要先将要发的短信编好，然后将手机短信发射器一头连到接线板，一头连到手机上，一按发送按钮，这些虚假信息便可在几秒钟之内发送到这些用户的手机上。

小知识3：短信收费有哪些陷阱

1. 先免费试用，然后在用户不知情的情况下收取高额费用；

2. 霸王短信，即用户只要回复了这种短信，他们就视为注册，然后强制收费。

倡导青少年健康使用手机，拒绝散布色情、迷信、赌博等非法信息。

北京市十一学校的学生曾在自己的网站上发起文明短信大赛，倡导大家文明使用手机。据十一学校领导介绍，根据调查，学校里89%的学生有自己的手机，77%的同学把短信作为手机的主要功能。学校决定让学生们自己解决如何正确使用手机的问题，并把这个任务交给了HCC电脑俱乐部的学生们。

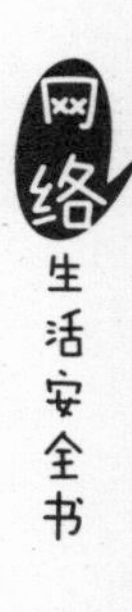

HCC的成员来自各个年级，都是电脑技术一流的学生，他们在学校的支持下，创建了自己的网站“红旗飘飘”。他们决定采取文明短信比赛的形式，向全校学生征集内容健康、新颖的原创短信。然后发动全校师生投票，选出获奖者。他们还设想，校内短信大赛结束后，下一届将把参赛范围向全市扩展，呼吁全市中学生都来使用文明短信。

常见的手机诈骗招数

- 提供制作各种文凭、票据、刻章、车牌照等假证件和假公章的信息。

- 提供“中奖喜讯”的虚假信息，谎称事主中奖，收取中奖手续费。

- 假意有高档商品低价出售，提供廉价物品、走私车辆、二手物品等，骗取钱财。

- 假意招聘工人、高级技师、国家公务员等，收取手续费进行诈骗。

- 假意代办出国手续、学历证明、驾驶证、行驶证和手机上网、征婚、房屋中介等业务，收取手续费进行诈骗。

- 声称可提供“六合彩特码”或者其他彩票中奖号码，要求先付费注册会员资格。

- 谎称可提供迷魂药、窃听器、枪支等违禁违法物品。

- 在多数人警惕“中奖”诈骗手段后，诈骗者又有了新的伎俩。他们发送“免费邮寄奖品”字样的短信息。当有人抱着试试看的心态留下联系方式和地址后，诈骗者会先寄来一些廉价或伪劣物品获取信任，之后再以更大的奖品作为诱饵要求汇款。

预防“电话陷阱”

“电话陷阱”是手机短信欺骗诈骗的新手法，将短信“升级”为直拨手机号码，以骗取钱财。罪犯或是发送“中奖”的短信，或是显示有未接来电，引诱手机用户拨打他提供的电话。当电话接通后，你所支付的高额电话费就会转移到骗子的账户上去。因此，在遇到陌生电话号码时一定要小心，如果打过去听到莫名的答复或异常声音，应立即将电话挂断。

如何避免上当受骗

- 不要随意泄露个人信息。

- 天上不会掉馅饼，不要轻信“中奖”一类的信息。

- 不要贪图小便宜，不要相信“廉价物品”的信息。

- 不要抱有“试试看也不损失什么”的侥幸心理。

- 对任何不明来历的短信不相信、不理睬、不联系、不上当。

- 寄宿的学生要保证父母家人与学校老师有及时的联络方式，以避免上当受骗。近来有不少犯罪嫌疑人谎称孩子在学校生病，诈骗家长的钱财。

- 受骗后要及时向公安机关报案。

请你判断下面的做法是否恰当，

恰当的请画上，不恰当的请画上。

1.杨伟看到手机上有陌生的未接电话，他打过去听到电话中的提示音是恭喜他中了一等奖。可杨伟却立刻把电话挂断了，不去理睬中奖消息。

2.关女士收到一条手机短信：我公司成立三周年大酬宾，恭喜您在这项活动中获得了一等奖，奖品是一台笔记本电脑。请直接与我公司联系，电话是133××××××××。关女士想：这真是好消息，为了避免上当受骗，我可以先打电话过去问问，如果可靠我再去当地把电脑取回来！

3.侯洁收到一条卖迷魂药的短信，她觉得很好玩，就转发给了好朋友苗苗。

4. 鹏鹏特别想买一台笔记本电脑，可是家里经济条件一般，为了能省些钱，他决定买台二手电脑。看到出售电脑的手机短信，他决定打电话联系卖家。

1. 对陌生的电话要谨慎处理，以免上当受骗。

2. 不可相信这类“天上掉馅饼”的信息。对方虽然没有让关女士直接寄钱，但留下的电话也许是恶意骗取高额话费的电话，也许是一个诱饵。如果有人真的打电话过去咨询，很有可能在对方的诱骗下寄钱过去。因此，不理睬最好。

3. 侯洁虽然不相信这种短信，但是最好的办法是不予理睬，不宜让它继续传播。

4. 目前，手机短信提供的购物信息绝大多数是骗局，因此，最好不要以这种方式购物。

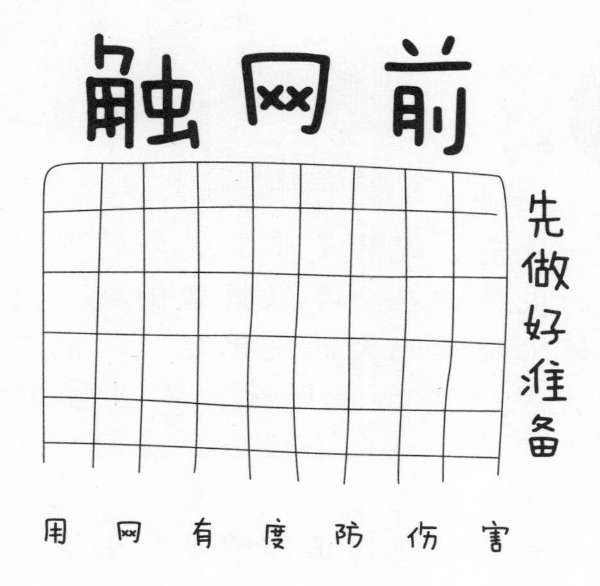

当今社会，网络已经成为人们学习知识、获取信息、交流思想的重要平台。但是，不学会在使用网络时如何自我保护，网络便成了双刃剑。

一年前，陶然是非常优秀的中学生，现在她的成绩却在全年级排名倒数。是什么原因令她出现如此大的变化呢？原来这一年来她每天晚上都要上网玩，而且常常到凌晨4点才下网。她自己住一个房间，父母管不住她，她自己也控制不了自己。沉迷于网络严重地影响了她的正常学习和生活。

实例 2

与陶然不同，李小丽却通过网络获益匪浅。

去年暑假，李小丽以优异的成绩考上某名牌高中后，父母应她的要求买了一台新电脑，并接入了互联网。她在一个网络学校报了名，提前预习了高一第一学期的课程，并学习英语和法语。由于网络课堂的多媒体教学效果很好，小丽愉快地学习到很多新知识，同时大大地开阔了视野。

小知识1：什么是网络综合征

网络综合征是人们由于沉迷于网络而引发的各种生理、心理障碍的总称。其症状包括一系列生理和心理疾病。如成瘾性（依赖性）、人际关系（包括网友、网恋、现实生活中的人际）障碍、抑郁症、躁狂症等。

小知识2：网络综合征的症状是什么

网络综合征的症状主要包括抑郁、失眠、精力难以集中等，与吸烟、酗酒甚至吸毒等上瘾行为惊人地相似。患了网络综合征的人一上网就兴奋异常，若无法上网就“网瘾难耐”。该症状主要有五个显著特征：一天中大部分时间都在网上度过；对自己不再有任何控制；有逃避现实的心理；越来越愿意待在网上；和家人的关系出现问题。

让上网成为你学习的助力

可柔今年初三了，就要面临中考。但是，可柔每天放学回来都要上网一个小时，在网上看电视剧或者与同学聊天。对此，妈妈很生气。眼看着邻居家的孩子每天都在紧张地学习，妈妈更是焦虑。后来，妈妈找到了心理咨询专家。在老师的分析下，妈妈明白了，原来可柔每天上网，是她排解压力的一种方式。从此，妈妈不再反对女儿上网，只是鼓励她学习遇到问题可以在网络上找答案。渐渐地除了上网聊天，可柔学会了把网络当成学习工具，她在网上背单词，查阅历史资料，看新闻……中考时，可柔终于考入了理想的学校。

正确使用网络的基本原则

- 树立健康的网络使用观。网络是一种工具，我们应该利用网络做更加积极、健康的事情。

- 正确使用网络总的原则是：内容要取舍、时间要适度。

- 内容要取舍，就是安排健康有益的网络学习内容，比如网络图书馆、网络同步课堂等。

- 时间要适度，就是避免长时间坐在电脑前，以免对身体发育造成不良影响。

- 养成良好的使用网络的习惯，要学会信息选择、信息判断，增强自我约束、自我保护能力。这包括网络的使用频率以及怎样去使用，怎样避免接触有害信息，怎样对信息有正确判断。

- 加强自律意识，自觉遵守互联网道德规范，自觉抵制不良网络信息的侵蚀。

做好电脑防护

- 购置和使用防辐射电脑视保屏、加垫鼠标垫、可调节高低的座椅等电脑防护用品。

- 在电脑左侧放一盏小台灯。光线昏暗时，打开台灯，可以减少光线的对比度，缓解眼睛的疲劳。

- 调节好椅子的高度，使电脑屏幕的中心位置与操作者胸部处于同一水平线。

- 使用电脑时不要交叉双脚，以免影响血液循环。

- 上网时将窗户打开，保持室内空气流通，可减少电脑尘埃污染室内环境。

- 每次下网后，要清洗面部和手臂。因为电脑荧光屏表面存在着大量静电，其聚集的灰尘会掉落到裸露的皮肤表面，如不注意清洁，时间久了，易长难看的斑疹、色素沉着，严重者甚至会引起皮肤病变。

使用电脑者的营养保健

- 早餐营养充分，并有足够的热量。

- 午餐多吃高蛋白食物，如瘦猪肉、牛肉、羊肉、鸡鸭、动物内脏，各种鱼、豆类及豆制品。

- 晚餐要清淡，多吃素食和纤维食物，如各种新鲜蔬菜，饭后吃新鲜水果。

- 多吃富含卵磷脂的食物以利健脑，例如蛋黄、鱼、虾、核桃、花生等。

- 有意识地多选用保护眼睛的食物，防止近视和其他眼病发生。例如动物肝脏、牛奶、奶油、小米、核桃、胡萝卜、青菜、白菜、空心菜、枸杞子及各种对眼睛有益的新鲜水果。

- 每天喝点绿茶。绿茶具有去毒作用，可以去除体内存在的有害的化学和放射物质。

上网行为规范

• 善于网上学习，不浏览不良信息。上网的精力主要用在收集资料、获取新闻、查阅与学习和生活有关的信息。自觉拒绝进入一些黄色的、反动的、不健康的网站。

• 友好地与他人交流。网络作为沟通工具，为人们提供了广阔的释放情绪的空间，但要做到用健康的心态和文明的语言去交流。

• 网络提供了许多娱乐方式和内容，在娱乐时要明确虚拟世界和现实生活的区别，选择有益身心健康的娱乐活动，不沉溺于虚拟世界。

• 掌握上网的安全规则。要做到不偷号盗号、不乱闯禁区、不破坏网络秩序，维护网络安全。不要随意泄露身份等信息，包括家庭地址、学校名称、家庭电话、密码、父母职业等。

请你判断下面的做法是否恰当，

恰当的请画上☺，不恰当的请画上☹。

1.在小敏的作息时间表中，上网时间是周六和周日下午4:00~5:00。

2.“五一”长假，李文痛痛快快地上了三天网，除了吃饭睡觉就在网上泡着。

3.为了保护眼睛，赵博上网时每隔20多分钟就起来活动一会儿。

4.薄秀秀好奇心很强，她认为上网时什么样的网站都可以浏览。

5.曹龙自己住一个房间，他最喜欢晚上上网，因为夜深人静，父母也不会打扰他。

1. 小敏生活作息有规律，并且上网时间安排得也合理。

2. 连续上网时间过长对身体很不利，特别是长时间盯视电脑屏幕，对眼睛伤害很大。

3. 这样可以缓解眼睛的疲劳，有利于保护视力。

4. 网上的内容纷繁复杂，良莠不齐，上网时要拒绝浏览内容不健康的网站。这样不仅对自己的身心有益，也对电脑有益，可避免电脑中毒。

5. 夜间上网导致睡眠时间减少，且严重影响身体生长发育，这是不好的上网习惯。

网上购物时需要仔细识别真伪。学会在电子商务时代进行理智消费和安全消费，将是我们必备的基本生活技能。

小菲很享受网络购物的便捷轻松。前几天，她终于如愿地买到一台拍立得。令她满意的不仅是相机的质量和价格，还有购物的过程。这次她是在网上购买的，足不出户就挑选到了好商品，卖家很快送货上门。她说：“网上购物虽然也要货比三家，注意商家信誉、售后服务，但是不用坐车去商场，不用赶时间，可以一边听着音乐，一边讨价还价。而且，到目前为止，我没有被骗过。”

陈星在网上买了几张CD，当他满怀期待开始欣赏时，发现有的碟片不能播放，有的碟片居然是空盘，没有内容！他立即联系了网站的客服，却被告知已过了退换期限。等他在上万字的各种条款中找到退换货说明后，既为自己的粗心懊恼，也感到网络商家的服务不周。

小知识1：电子商务是什么

电子商务就是对整个购物活动实现电子化管理，它具有营运成本低、用户范围广、没有时间和空间限制、能同用户直接互动交流等特点。电子商务具备很多优点，如(1)大大提高了通信速度。(2)节省了潜在开支，如电子邮件和沟通软件节省了通信邮费，而电子数据交换则大大节省了管理和人员环节的开销。(3)增加了购买者和供货方的联系。(4)能快捷方便地提供企业及产品信息。(5)提供24小时全天候服务。

小知识2：数字签名和数字证书

在网上交易时，最好采用数字证书技术。数字证书就是一个人在因特网的身份证，它包括证书所有者的信息及证书颁发机构的签名等内容。在网上进行电子商务活动时，交易双方需要使用数字证书来表明自己的身份，并用自己的密码对发送的信息进行加密（即数字签名），这可以确保交易者在网络上的身份是唯一的，如有诈骗行为发生，也能找到具体的犯罪嫌疑人。目前，以数字签名为核心的加密技术是解决信息安全最好的办法。

如果网购商品出现了问题，你会如何处理？

孙先生曾在网站购买了一款相机。使用了10天后，发现变焦功能不能正常使用。孙先生找到了消费者协会，消费者协会立刻与网站联系。售后服务部门的负责人马上做出

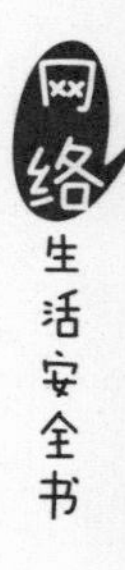

回应，与孙先生取得联系，对产品进行测试后，对孙先生进行了赔偿，并将该产品送到厂商指定的维修站检测。像在商场购物一样，网上购物同样会存在商品质量、售后服务等问题，消费者同样需要在购买过程中和购买之后注意维护自己的权益。因此，了解网络购物，并学会自我保护技巧是十分必要的。

如何进行网上购物

- 购物前认真选择专业购物网站。

● 选购物品前，先查看公司和个人商家的信用度。查看售货公司是否已经通过工商登记注册，或通过拨打该公司提供的电话来核实其真伪。查看个人商家的信用度主要通过该店铺的交易次数、店铺信用度、买家留言三方面综合考察，一般来说，交易次数越多越可靠。

● 货比三家。找到喜欢的商品后，与其他网上商店的价格和商品质量多做比较。

● 认真阅读交易规则及附带条款，尤其应注意有关产品售后服务、产品质量、交货方式、费用负担、退换货程序、免责条款、争议解决方式等方面的内容。

● 主动向商家索要相关购物凭证，并保存有关单据。

● 进行网络交易时，将交易内容与确认号码的订单等交易相关记录存入电脑或打印保存。

- 保存商家以电子邮件方式发出的确认书、用户名和密码等，且不要漏掉完整的信头，因为该部分详细记载了电子邮件的发件地址，是确认邮件真实性的重要依据。

- 尽量选择货到付款和同城交易的方式。

- 确有必要时才提供银行卡号码与银行账户等资料，避免输入与交易不相干的个人资料。

- 接收到货物时，注意核对货品是否与所订购商品一致。

- 索要购物发票或收据以及商品的质量保证书和保修凭证。

- 建立专门的银行卡支付货款，且卡内金额以购物付款额为准，不宜多存。

- 用后及时更换密码，防止被他人盗用。

如何防止网络诈骗的发生

- 谨慎选择交易商家。

- 不贪图便宜，不要被不合常理的低价诱惑。商品价格若与市价差距过于悬殊，切勿贸然购买。

- 不要轻信免费赠品或抽中大奖而轻易向对方支付费用。

- 对于网络上招揽投资赚钱计划，或快速致富方案等信息要格外小心。

- 购物时尽可能使用支付宝，不要为了贪图便宜直接给卖家汇款。

- 即使使用了支付宝，也要在收到货之后，查看有没有问题，再“确认收货”，支付货款，不要轻易确认收货。

请你判断下面的做法是否恰当，
恰当的请画上☺，不恰当的请画上☹。

1.小华收到一封来自“网上第一音像店”的电子邮件，里面有好多他喜欢的歌曲和电影，于是他立刻选了最喜欢的那套点击购买。

2.在推荐热卖商品栏里，小华看到商场里卖220元的旅游鞋这里标价仅为58元，他毫不犹豫地把这双鞋加入了“购物车”。

3.小华要在网上购买一双运动鞋，但那个商家的店铺在外地，而且只能先汇款，然后对方给寄过来。小华最后还是没有购买。

4.小华把商家从网上发来的确认书、用户名和密码等交易相关记录存入了电脑。

5.收到货物后，小华核对了货品及其质量保证书、保修凭证，并索取了购物发票，然后随手将这些单子放在桌子上。

1.购物前先要查看该网上商店和售货公司或个人的信用度。太匆忙地去购买容易上当受骗。

2.当网上商品价格与市场价格差异很大时，须仔细查看其产地、生产者、用途、性能、规格等级、主要成分等有关情况，以免买到以次充好的东西或仿制品。

3.一般情况下，同城交易和货到付款较少出现骗局。所以小华的行为很理智。

4.保存好交易相关记录，可以在交易出现问题时作为维护权益的有力证据。

5.小华前面的做法是对的，他知道在收到物品时核对，这可以避免由于商家故意或无意弄错而带来的麻烦。持有购物发票、质量保证书和保修凭证则可以使售后服务得到保证。但他把这些重要单据随手放在桌子上是不恰当的，应仔细保管。

网络医院

要明辨是非

理 智 对 待 网 上 医 疗 信 息

很多人对网络医疗不了解，社会对网络医疗的管理也不够健全，这会导致人们被虚假信息误导，甚至造成误诊，贻误治疗。

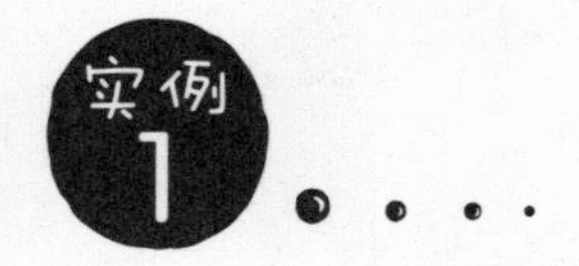

从上周开始，郑玉就时不时地咳嗽，妈妈便带她到医院进行检查。让她们意外的是，一向排成长龙的挂号室外居然只有三两个人。原来，医院建立了内部局域网，部分医疗过程已经被网络化。挂号时，把医保卡插入自助挂号机内，用手按下想看的科室，电脑数秒钟内就能完成挂号。郑玉和妈妈来到呼吸科，医生为她做了初步检查后，让她去放射科做胸透检查。和以往不同的是，她们做完检查，刚回到诊室，医生已经在网络上查看到她的检查结果了。医生诊断她得了气管炎，并为她开了药方。

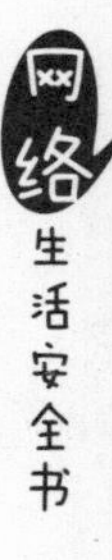

小知识1：微博看病合法吗

随着微博被人们越来越广泛地使用，很多医生在网上开通了自己的微博，上面还公布了自己的医学特长和出诊时间等。有很多人在网上向这些医生询问病情，甚至请医生们远程诊疗。这样做合法吗？卫生部对网络医疗有明确的规定：远程医疗会诊必须在取得《医疗机构职业许可证》的医疗机构内进行；只能发生在医疗机构之间。远程会诊对病人诊断与治疗的决定权属于收治病人的医疗机构，若出现医疗纠纷仍由申请会诊的医疗机构负责。医生不得以个人身份从事网上诊断和治疗活动，否则要承担警告、责令其限期改正和罚款等责任，构成犯罪的还将被追究刑事责任。

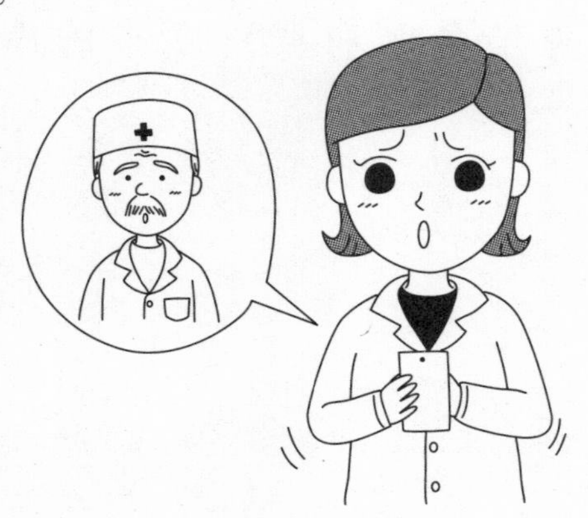

小知识2：网上看病隐患多

1.网上医院名实不符。接入互联网，可以搜索到成千上万的网上医院。建设一个网站的程序非常简单，大多数“网上医院”都没有得到医药和卫生行政管理部门的认定。即使是正规大医院的网站，其网上诊疗的内容也很少；许多小医院和小诊所的内容多是对自己的广告宣传，一些健康网站则在推销药品、保健品、器械等产品。2.网上医生身份难定。目前在网上医疗咨询领域还缺乏有效控制，任何人都可能在没有医学教育证书的情况下开设医疗网址，或注册成为网上医生。3.健康信息仅供参考。有些网站的医疗保健知识和信息是从报纸和杂志上七拼八凑来的；有的内容说法不一，相互矛盾；有的则是为了牟取利益所发布的虚假信息。

网上医生提供的诊断和治疗服务只能作为一种参考，不可尽信。

段飞喜欢浏览一些医学网站和知名网站的健康频道。通过这种途径，他学到不少保健知识和卫生常识。有一次，他查到一个擅长治疗皮肤病的医生，想到让自己困扰的满脸的青春痘，就发了个帖子咨询一下。有点意外的是，他很快得到医生的回复。这位医生热心地向他推荐了一种去除青春痘的药膏，而且大力宣传了这种药膏的疗效。段飞感到他不像在回复自己咨询的问题，而更像

是推销药膏。于是，他到附近的几家大药房询问那种除痘药膏的疗效，谁知道药房的人都没听说过这种药品。段飞想：这种药膏也许是非正规的产品；当然，也可能是种新药，因此市场上还不多。不过，不管是以上哪种情况，看来都不太适合他现在购买使用，段飞决定还是到医院去看看。

网上健康信息要鉴别

- 查阅一般的健康知识，尽量到比较大的知名网站。

- 对于药品、保健品和保健器械等商品的介绍，要理性分析，避免上当。

- 查阅特定的疾病知识或治疗信息时，要从多种渠道加以验证，以保证信息的准确可靠。

网上购药莫轻信

- 虚假广告购假药。网上有许多虚假的药品广告，有些患者出于病急乱投医的心理，花大笔钱邮购药品，结果往往是上当受骗，损失巨大。

- 盲目购药，药不对症。要在医疗机构进行检查确诊，如果只是根据网络信息自我诊断或网上医生的诊断，很可能导致误诊，所购的药物也不能对症。这样很容易耽误治疗。

- 在医院看病时医生给出明确诊断后，由于地域局限缺少某些药物时，可在网上寻找，但要谨慎对待。

请你判断下面的做法是否恰当，
恰当的请画上☺，不恰当的请画上☹。

1.李蕊最近脸上总是长痘痘，她在网上看到有一种去痘的特效药，汇款要求邮购此药。

2.刘婷婷的姥姥因为脑血栓卧床不起，为了更好地帮助姥姥康复，她在网上查了许多有关护理的知识，和父母共同阅读分析后，他们掌握了一些基本的家庭护理常识。

3.桑瑾上网看到一个抑郁症案例的介绍，对比自己近来的感受，她发现好多症状自己都有，她认为自己一定得了抑郁症。

4.齐麒半年来一直被皮肤过敏困扰着，在网上查到一些擅长治疗皮肤病的医生后，他便给一个医生发帖咨询。过了半个月，没人回帖，齐麒就又向其他的医生发帖询问。

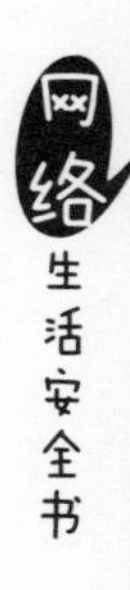

5.柳佳前段时间一直感觉自己的下身很痒，用手触摸发现长出了很多小疱疱。柳佳联想到了以前看到的健康信息，很担心自己是不是得了性病。怎么办？去医院看病太丢人了，苦恼的柳佳决定到网上治病。

1. 网上推销药品的信息不可轻信，最好在确认其可靠性后再购买。

2. 网络为我们提供了许多健康知识，利用得当，能够使我们的生活更为方便。

3. 根据他人的病例进行的自我诊断，由于心理原因，往往会有很大偏差，最好到医院请医生确诊，而不要随意给自己“贴标签”，这样反而可能造成负面影响。

4. 网上医生的服务目前还没有有效的管理和监督机制，单纯依赖“网医”很可能耽误治疗，生病后还是要到医院治疗，即使是皮肤过敏这种非急性疾病，也不宜拖延。

5. 即使是很隐私的病，也一定要到医院去请大夫诊断。而且，越是隐私的病越要特别注意，不可轻易相信江湖游医或者网上医生。有些网站正是抓住人们害羞的心理骗取钱财的。

网络色情及夹杂的暴力文化，诱使未成年人犯罪。强化防范意识，培养健康向上的个性，才可能真正避免网络色情的危害。

大冬一直是聪明好学的学生，但是从初三开始，他的成绩一落千丈，而且身体和精神状态都很不好。看到大冬萎靡不振的样子，父亲既担心又疑惑，父亲注意到，好几天晚上，他一进入大冬房间，儿子就立即关掉电脑，并表现出慌张的神色。一天，父亲趁大冬不注意时，突然闯进房内，结果发现他是在网上玩色情游戏。暴怒的父亲把大冬打了一顿，并严禁他再上网。

此后，大冬就时常到网吧去上网。有一次，天色很晚还不见他回家，父母焦急地到附近网吧寻找。当凌晨一点终于找到他时，母亲差一点因为眼前的一幕而晕倒，大冬一边玩着色情游戏，一边在手淫。震惊的父母把儿子带回家，进行了严肃的批评，让他检讨并写保证书。可是，大冬第二天又偷偷地到网吧去玩色情游戏，而且又开始手淫了。就这样在屡抓屡写保证书的过程中，大冬却始终无法摆脱色情游戏的吸引，他自己苦恼不安，父母更是忧心忡忡。

小知识1：什么是网络色情

所谓的网络色情，是指在网络上，公开张贴或散布裸露、猥亵或低俗不雅的文字、图片、声音、动画，或者提供与性交易有关的信息。

小知识2：网络色情有什么特点

1.形式多样。用网络传播淫秽色情图片、录像、电影、文字，还有色情广告等信息。

2.教唆引诱。不仅给网民以感官刺激，而且教唆引诱网民进行淫秽色情活动。

3.非法经营。不法分子为牟取暴利，靠录制贩卖、传播淫秽色情信息大发不义之财。

4.危害严重。网上色情信息泛滥，严重污染网络环境，败坏社会风气。一些少年儿童长期沉湎于网上淫秽色情信息，荒废了青春，有的甚至走上了违法犯罪的道路。

青少年使用电脑上网，应该如何屏蔽色情、赌博等不良信息？

宋道是初一年级的学生。家里刚刚安装了宽带。刚进入青春期的他，非常希望了解自己身体的发育变化和相关的知识。可是，他在网上搜索时，却发现屏幕上跳出许多黄色网页和网站的链接。在父亲的建议下，宋道给电脑安装了“防黄软件”。可有效过滤涉及色情、赌博、毒品、邪教、恐怖等内容的不良网络信息。

防范网络色情的方法

• 安装“防黄软件”是过滤色情及其他有害网站的有效方法。它们的功能很多，也不尽相同，主要有过滤网站地址、过滤搜索引擎、锁定浏览网站等功能。当用户访问色情、暴力等网站时，软件会立刻屏蔽这些访问要求。

• 使用儿童专用的浏览器。这类浏览器是软件公司为儿童设计的浏览网页的软件。

• 儿童专用浏览器的特点是：界面卡通化、操作简单化，一般都包含了许多适合儿童浏览的网站网址，对性、暴力等儿童不宜的东西都做了较好的屏蔽，拥有允许添加或禁止相关网址功能。

• 浏览器软件配合防黄软件使用，可以较为有效地防止网络黄毒。

网络色情是怎样传播的

- 自行架设的网站中并不提供具有色情或猥亵的图片或文字，但进入该网站的使用者可以将色情或猥亵的信息上传至该网站中，提供给使用者下载。

- 利用因特网以电子邮件或其他方式，传送具有色情或猥亵性质的图片或文字。也有些信息通过短信、微信漂流瓶、QQ等即时工具进行传播，更快捷，更隐蔽。

- 将具有色情或猥亵的信息储存在自己的计算机中，并开放计算机的权限让他人抓取信息。

相关法律法规

- 《互联网信息服务管理办法》规定：互联网信息服务提供者不得制作、复制、发布、传播、散布淫秽和色情信息。对于违犯国家规定，擅自设立互联网上网服务营业场所，或者擅自从事互联网的网上服务经营活动，情节严重，构成犯罪的，以非法经营罪追究刑事责任。

- 根据《刑法》第三百六十三条：以谋利为目的，制作、复制、出版、贩卖、传播淫秽物品情节特别严重的，可处十年以上有期徒刑或者无期徒刑,并处罚金或者没收财产。

请你判断下面的做法是否恰当，
恰当的请画上☺，不恰当的请画上☹。

1.韩天上个月买了电脑，为了防止网络不良信息的危害，他和爸爸一起安装了软件“别碰！Noporn!”。

2.罗潇收到一封来自同学的电子邮件，打开后他发现里面竟然是一篇充满色情描写的文章。他好奇地仔细阅读了一遍。

3.常晶知道好朋友单蕊已经来了月经，她想了解一下这方面的知识，就到中国学生网上查阅有关青春期的内容。

4.同学向包昆推荐了一种网络游戏，当他发现那居然是个令美女脱衣的游戏后，他就退了出来，没有再玩。

5.窦彤很喜欢在网上聊天，她还经常到一些成人聊天室内以成人的身份和网友聊天。

1.😊网络中充斥着许多色情、暴力等类型的有害信息，安装“防黄软件”可预防和减少其不良影响。

2.😵黄色信息的影响如同毒品，常常使人由于好奇心而在不知不觉中受其危害，对这样的内容最好是避免接触。

3.😊青春期发育每个人都要经历，了解这方面的知识是非常必要的。当然，要想获得正确的知识就一定要通过正确的途径。

4.😊网上游戏种类繁多、良莠不齐，有些包含色情内容的游戏会使少年儿童形成错误的观念，因此要杜绝玩这些游戏。

5.😵与合适的网友聊天可以增长见识、交流情感，但是，少年儿童在成人聊天室里与成人聊天则如同让幼儿进行拳击比赛一样有害无益，因此，选择恰当的聊天对象和内容是很重要的。

少年儿童在面对网络迷信的时候，错以为那是高科技，就对其丧失了警惕性，导致害人害己。

实例1……

奇奇每次上网总要浏览有关占卜、星座的网站。一次考试之前他算出这周的幸运数是4。巧合的是，考试那天就是星期四，考试的结果是94分。这次的巧合使奇奇对网络算命深信不疑。期末考试快要到了，奇奇很重视这次考试的结果，因为爸爸答应他，如果成绩好就带他去北戴河旅游。他上网一算：只要经过一次雨水的冲刷就能洗掉身上的晦气。恰巧，第二天就下了大雨，奇奇高兴极了，他站在大雨里痛痛快快地让雨水淋着。然而，到了晚上，奇奇开始发高烧，爸爸妈妈赶忙带他去医院，检查出奇奇得了急性肺炎，在医院里住了两个星期，期末考试也没有考，更不用说去旅游了。

小知识1：什么是迷信

“迷”字是分辨不清的意思，“信”字是相信或者信奉。广义上说，迷信是指人们对事物盲目地信仰或崇拜。一般而言，迷信分两类，一类是崇拜、信奉封建社会所产生的神灵或巫术，如测字、算命、看风水等，称为“封建迷信”；一类是在当今社会里制造新的神灵信仰或利用现代科学技术包装、改造封建迷信加以宣扬，如“科学预测人生”等，称为“现代迷信”。

小知识2：网络算命的原理是什么

网络算命的原理是通过一个软件程序，把一整套迷信资料贮存在电脑里，然后利用数据库进行随机组合，毫无科学依据可言。

用自己的勤奋赢取美好的将来，把命运掌握在自己手里。

刘烨是一名高三的学生，今年将要高考。他听同学说，在网上可以算出能不能考上。刘烨在几个网站上测算了多次，结果都是他的“命运”适合做生意，不适合读书。于是，他对父亲说：“我想跟您做生意，我在网上算了，说我没有上大学的命。”父亲打算用事实教育他。之后的每天，刘烨凌晨4点多就要跟着父亲到菜市场忙碌，一直到晚上八九点钟才休息。终于，刘烨实在受不了了，他对父亲说：“爸爸，我不想这样过一辈子，我还想读书。”之后，刘烨复学了，经过一番努力，考上了大学。

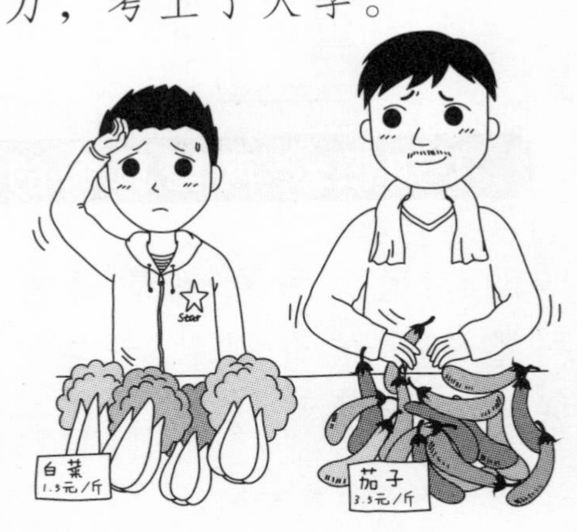

现代迷信的表现是什么

- 违背科学常识，公开宣扬新的有神论。特点就是打着科学的旗号，歪曲科学的成果，或者利用科学手段来达到目的。比如宣称可以用电脑来预测人的前途和命运等。

- 宣扬超物质、超自然的意念能力。比如有些人以神自称，夸大自己的力量，宣称自己能够改变宇宙，把人带到极乐世界去。

- 贩卖伪科学，宣扬真巫术。最典型的事件是外气效应，有人宣称能在远距离发功，在古代这被称为禁咒术，是地地道道的巫术，现在只是加了一些科学词语来包装。

- 以弘扬民族文化为幌子，搞封建迷信活动。最典型的例子是以研究《周易》的名义进行占卜、算命，并把这种腐朽的算命术叫作预测科学。

网络迷信对少年儿童的危害是什么

- 网络迷信和现实生活中的封建迷信一样，同样可以腐蚀人的思想，消磨人的意志，扼杀人的理想，甚至左右人的行为，让人在不知不觉中形成消极的人生观。

- 中小学生正处在身体发育和树立世界观、人生观的时期，如果任由这些缺乏科学思想和科学精神的文化垃圾充斥他们的心灵，无疑将会对他们今后的价值取向产生不良的影响。

- 网络迷信往往披着“科学”的外衣，对思想还未定型的中小学生来说，具有极大的诱惑性，而且更容易侵入少年儿童的精神世界，危害更大。

- 长期接触这类迷信信息，很容易使少年儿童走向极端，迷失自己的判断能力。小到日常生活中的琐事，大到学业、情感等的选择，一些人就会被这些信息所左右。

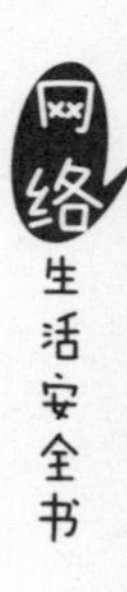

• 由于有了“科学预测”，少年儿童在犯错误或遇到挫折的时候总能为自己找到借口，这会导致他们逃避责任和不敢面对困难。而在这种迷信思想的影响下，他们消极的人生观就在不知不觉中形成了。

为什么少年儿童会痴迷网络迷信

• 网络算命简单易行，立等可取。它利用了青少年求知欲极强，对网上算命、测运势等充满好奇心的特点，使少年儿童逐渐地上瘾。

• 网络算命是利用了青少年缺少对复杂事物的准确判断能力及不能鉴别精华和糟粕的特点。同样是算命，到互联网上摇身一变，成了“科学预测”，在青少年眼里大大提高了可信度。

• 少年儿童在成长中，关注自身的行为日渐增多，如能不能考上好的学校、今后命运等。网络迷信以能提供“人生预测功能”为幌子，以能给他们“确定”的答案为诱饵，吸引少年儿童。

如何抵制网络迷信

• 首先要正确认识网络迷信。少年儿童之所以相信、痴迷网络迷信，是由于传统的迷信披上了“高科技”的外衣。

• 不要轻信同学之间传递的网络迷信信息，据一项调查显示，66.5%的中学生最初接触网上算命都是“觉得好玩”，然后逐渐上瘾的。

• 不浏览相关网页。很多同学都是抱着试试看的态度点击浏览这些网页而深陷其中。

• 努力学习，树立远大理想。少年儿童喜欢阅读有关星座预测的文章，相信网络迷信，大多是由于学习压力大、生活的变数及未来的不确定性较大造成的。要相信只要我们刻苦学习，脚踏实地地去拼搏去奋斗，就一定能够实现自己的理想和抱负，而不要被迷信的鬼话耽误前程。

请你判断下面的做法是否恰当，

恰当的请画上○，不恰当的请画上○。

1.芳芳今年该考初中了，但最近她的心情很不好，因为她在网上算出了今年的“学运”不好，不能考上好的学校。

2.有一次，小刚在网上算出门办事是否成功，结果事情办得很顺利。他由此开始迷信网络算命。

3.玲玲最近总吵着让妈妈给她买个护身符，因为她在网上算出只要戴上一个怪兽形状的护身符，就能帮她消灾解难，一生平安。

1. 网上的占卜没有科学依据，像芳芳这样在网上“算成绩”，是缺乏自信的表现。芳芳应该坚定信心，并给自己减压。

2. 作为心理还不成熟的未成年人，运程的臆测如果与自身想法或经历稍有吻合，极易形成心理暗示。小刚应该总结办事顺利的原因，而不是就此相信网络迷信。

3. 要创造幸福的生活，只有靠我们自己。把自己的命运交给一个护身符，这是多么荒唐可笑的事啊！